U0269871

云南建设学校
国家中职示范校建设成果

国家中职示范校建设成果系列实训教材

建筑施工组织实训手册

赵双社　主编
王和生　主审

中国建筑工业出版社

图书在版编目（CIP）数据

建筑施工组织实训手册/赵双社主编 . —北京：中国建筑工业出版社，2014.11（2024.6重印）
国家中职示范校建设成果系列实训教材
ISBN 978-7-112-17004-3

Ⅰ.①建… Ⅱ.①赵… Ⅲ.①建筑工程-施工组织-中等专业学校-教材 Ⅳ.①TU7

中国版本图书馆 CIP 数据核字（2014）第 135775 号

本书依据教育部 2014 年公布的《中等职业学校专业教学标准（试行）》和最新的标准规范编写。本书内容主要包括分部工程流水施工进度计划编制实训、分部工程网络施工进度计划编制实训、单位工程的工程概况编制实训、单位工程施工方案编制实训和单位工程施工平面图绘制实训。

本书可供中等职业学校土建类专业学生使用，可作为"建筑施工组织"课程配套实训教材，也可供建筑施工相关人员参考使用。

* * *

责任编辑：聂 伟 陈 桦
责任校对：李美娜 关 健

国家中职示范校建设成果系列实训教材
建筑施工组织实训手册
赵双社 主编
王和生 主审

*

中国建筑工业出版社出版、发行（北京海淀三里河路 9 号）
各地新华书店、建筑书店经销
北京红光制版公司制版
建工社（河北）印刷有限公司印刷

*

开本：787×1092 毫米 1/16 印张：4 字数：91 千字
2017 年 12 月第一版 2024 年 6 月第二次印刷
定价：**15.00** 元
ISBN 978-7-112-17004-3
（25842）

国家中职示范校建设成果系列实训教材

编 审 委 员 会

主　任：廖春洪　王雁荣

副主任：王和生　何嘉熙　黄　洁

编委会：（按姓氏笔画为序）

王　谊　　王和生　　王雁荣　　卢光武　　田云彪

刘平平　　刘海春　　李　敬　　李文峰　　李春年

杨东华　　吴成家　　何嘉熙　　张新义　　陈　超

林　云　　金　煜　　赵双社　　赵桂兰　　胡　毅

胡志光　　聂　伟　　唐　琦　　黄　洁　　蒋　欣

管绍波　　廖春洪　　黎　程

序　言

提升中等职业教育人才培养质量，需要大力推动专业设置与产业需求、课程内容与职业标准、教学过程与生产过程"三对接"，积极推进学历证书和职业资格证书"双证书"制度，做到学以致用。

实现教学过程与生产过程的对接，全面提高学生素质、培养学生创新能力和实践能力，需要构建体现以教师为主导、以学生为主体、以实践为主线的中等职业教育现代教学方法体系。这就要求中等职业教育要从培养目标出发，运用理实一体化、目标教学法、行为导向法等教学方法，培养应用型、技能型人才。

但我国职业教育改革进程刚刚起步，以中等职业教育现代教学方法体系编写的教材较少，特别是体现理实一体化教学特点的实训教材非常缺乏，不能满足中等职业学校课程体系改革的要求。为了推动中等职业学校建筑类专业教学改革，作为国家中等职业教育改革发展示范学校的云南建设学校组织编写了《国家中职示范校建设成果系列实训教材》。

本套教材借鉴了国内外职业教育改革经验，注重学生实践动手能力的培养，涵盖了建筑类专业的主要专业核心课程和专业方向课程。本套教材按照住房和城乡建设部中等职业教育专业指导委员会最新专业教学标准和现行国家规范，以项目教学法为主要教学思路编写，并配有大量工程实例及分析，可作为全国中等职业教育建筑类专业教学改革的借鉴和参考。

由于时间仓促，水平和能力有限，本套教材肯定还存在许多不足之处，恳请广大读者批评指正。

《国家中职示范校建设成果系列实训教材》编审委员会

前　言

本书是中等职业学校土建类专业"建筑施工组织"课程配套实训手册。本书内容主要包括分部工程流水施工进度计划编制实训、分部工程网络施工进度计划编制实训、单位工程的工程概况编制实训、单位工程施工方案编制实训和单位工程施工平面图绘制实训。本书根据专业教学计划和国家职业标准对技能的要求，突出以能力为本位的指导思想，组织学生进行建筑施工组织相关实训，重点培养学生综合运用理论知识解决实际问题的能力，提高实际工作技能。本书在编写过程中，坚持理论与实践相结合，具有可操作性强、适用面广的特点。

本书由云南建设学校赵双社主编，具体编写分工为：赵双社编写模块 1、模块 3，杜高俊编写模块 2、模块 4，梁俊友编写模块 5。全书由云南建设学校王和生主审。

本书可供中等职业学校土建类专业学生使用，可作为"建筑施工组织"课程配套实训教材，也可供建筑施工相关人员参考使用。

由于编者水平有限，加之时间仓促，本书在编写过程中难免存在疏漏和不妥之处，恳请读者批评指正。

目　　录

模块 1　分部工程流水施工进度计划编制实训

1.1　实　训　目　的

通过本实训，使学生掌握单位工程施工组织设计中分部工程流水施工进度计划的编制步骤和方法，巩固理论知识。

1.2　实　训　内　容

1. 划分施工项目和施工段：根据设计资料写出各分部工程所划分的施工项目名称，并进行施工段的划分。

2. 流水节拍的计算：根据实训设计资料和流水节拍计算的相关要求，计算各分部分项工程的流水节拍。

3. 工期计算：根据实训设计资料和工期计算的相关要求，完成各分部工程工期的计算。

4. 流水施工进度计划：根据组织流水施工的条件和相关要求，用横道图表示各分部工程的流水施工进度计划。

1.3　横道进度计划编制

横道图是一种简单并应用广泛的计划方法。用横道图表示的建设工程进度计划，一般包括两个基本部分，即表 1-1 中左侧的工作名称及工作持续天数等基本数据部分和右侧的横道线部分。表 1-1 为用横道图表示的某桥梁工程施工进度计划。该计划明确地表示出各项工作的划分、工作的开始时间和完成时间、工作的持续时间、工作之间的相互搭接关系，以及整个工程项目的开工时间、完工时间和总工期。

某桥梁工程施工进度横道计划　　　　　　　　　　表 1-1

序号	工作名称	持续天数	进　度（天）										
			5	10	15	20	25	30	35	40	45	50	55
1	施工准备	5											
2	预制梁	20											
3	运输梁	2											
4	东侧桥基	10											
5	东侧桥台	8											
6	东桥填土	5											

序号	工作名称	持续天数	进度（天）										
			5	10	15	20	25	30	35	40	45	50	55
7	西侧桥基	25		▬	▬	▬	▬	▬					
8	西侧桥台	8							▬	▬			
9	西桥填土	5								▬			
10	架梁	8									▬	▬	
11	路基连接	5											▬

横道图计划表中的进度线（横道）与时间坐标相对应，这种表达方式较直观，易看懂计划编制的意图。但是，横道图进度计划存在一些问题，如：

（1）工序（工作）之间的逻辑关系可以设法表达，但不易表达清楚；

（2）适用于手工编制计划；

（3）没有通过严谨的进度计划时间参数计算，不能确定计划的关键工作、关键路线与时差；

（4）计划调整只能用手工方式进行，其工作量较大；

（5）难以适应大的进度计划系统。

1.4 施工进度计划相关知识

1.4.1 施工进度计划的作用及分类

1. 施工进度计划的作用

单位工程施工进度计划是在确定施工方案的基础上，根据要求工期和技术资源供应条件，遵循工程的施工顺序，用图表形式表示各施工项目（各分部分项工程）搭接关系及工程开、竣工时间的一种计划安排。

单位工程施工进度计划是施工组织设计的重要内容，是控制各分部分项工程施工进度的主要依据，也是编制季度、月度施工作业计划及各项资源需用量计划的依据。它的主要作用是：确定各分部分项工程的施工时间及其相互之间的衔接、配合关系；安排施工进度和施工任务；确定所需的劳动力、机械、材料等资源数量；具体指导现场的施工安排。

2. 施工进度计划的分类

单位工程施工进度计划根据施工项目划分的粗细程度，可分为控制性进度计划和指导性进度计划两类。控制性进度计划按分部工程来划分施工项目，控制各分部工程的施工时间及其相互搭接配合关系。它主要适用于工程结构较复杂、规模较大、工期较长而需跨年度施工的工程（如体育场、火车站等公共建筑以及大型工业厂房等），还适用于工程规模不大或结构不复杂，但各种资源（劳动力、机械、材料等）未落实的情况，以及建筑结构等可能变化的情况。指导性进度计划按分项工程或施工过程来划分施工项目，具体确定各施工过程的施工时间及其相互搭接、配合关系。它适用于任务具体而明确、施工条件基本落实、各项资源供应正常、施工工期不太长的工程。编制控制性施工进度计划的单位工程，当各分部工程的施工条件基本落实后，在施工之前还应编制指导性的分部工程施工进度计划。

1.4.2　施工进度计划的编制依据

单位工程施工进度计划的编制依据包括：

（1）有关设计图纸，如建筑结构施工图、工艺设备布置图及设备基础图。

（2）施工组织总设计对本工程的要求及施工总进度计划。

（3）要求的开工及竣工时间。

（4）施工方案与施工方法。

（5）施工条件，如劳动力、机械、材料、构件等供应情况。

（6）定额资料，如劳动定额、机械台班定额、施工定额等。

（7）施工合同。

1.4.3　施工进度计划的编制方法与步骤

1. 施工项目的划分

施工项目是包括一定工作内容的施工过程，是进度计划的基本组成单元。施工项目划分的一般要求和方法如下：

（1）明确施工项目划分的内容

根据施工图纸、施工方案与施工方法，确定拟建工程可划分成哪些分部分项工程，明确其划分的范围和内容。如单层厂房的设备基础是否包括在厂房基础的施工项目之内；又如室内回填土是否包括在基础回填土的施工项目之内。

（2）掌握施工项目划分的粗细

对于控制性施工进度计划，其施工项目划分可以粗一些，如划分为施工前准备、打桩工程、基础工程、主体结构工程等。对于指导性施工进度计划，其施工项目的划分可细一些，特别是其中的主导施工过程均应详细列出，以便于掌握施工进度，起到指导施工的作用。

（3）某些施工项目应单独列项

凡工程量大、用工多、工期长、施工复杂的项目，均应单独列项，如结构吊装等。影响下一道工序施工的项目（如回填土）和穿插配合施工的项目（如框架的支模、扎筋等），也应单独列项。

（4）将施工项目适当合并

为了使计划简明清晰、突出重点，一些次要的施工过程应合并到主要施工过程中去，如基础防潮层可合并在基础墙砌筑内；有些虽然重要但工程量不大的施工过程也可与相邻施工过程合并，如基础挖土可与垫层合并为一项，组织混合班组施工。

对于次要的、零星的施工过程，可合并为"其他工程"一项，在计算劳动量时适当考虑即可。

（5）现浇钢筋混凝土工程的列项

根据施工组织和结构特点，一般可划分为支模、扎筋、浇筑混凝土等施工过程。现浇框架结构分项可细一些，如分为绑扎柱钢筋、安装柱模板、浇筑柱混凝土、安装梁板模板、绑扎梁板钢筋、浇筑梁板混凝土、养护、拆模等施工项目。但在砖混结构工程中，现浇工程量不大的钢筋混凝土工程一般不再细分，可合并为一项，由施工班组的各工种互相配合施工。

（6）抹灰工程的列项

外墙抹灰一般只列一项,如有瓷砖贴面等装饰,可分别列项。室内的各种抹灰应分别列项,如地面抹灰、顶棚及墙面抹灰、楼梯面及踏步抹灰等,以便组织施工和安排进度。

(7)设备安装应单独列项

土建施工进度计划列出的水、暖、燃气、电、卫、通信和生产设备安装等施工项目,只要表明其与土建施工的配合关系,一般不必细分,可由安装单位单独编制施工进度计划。

(8)项目划分应考虑施工方案

施工项目的划分,应考虑采用的施工方案。如厂房基础采用敞开式施工方案时,柱基础和设备基础可划分为一个施工项目;而采用封闭式施工方案时,则必须分别列出柱基础、设备基础这两个施工项目。

(9)项目划分应考虑流水施工安排

在组织楼层结构流水施工时,相应施工项目数目应小于或等于每层的施工段数目。

(10)区分直接施工与间接施工

直接在拟建工程的工作面上施工的项目,经过适当合并后均应列出。不在现场施工而在拟建工程工作面之外完成的项目,如各种构件在场外预制及其运输过程,一般可不必列项,只要在使用前运入施工现场即可。

2.划分施工段

根据组织流水施工的要求,将拟建工程在平面上和空间上划分为工程量(或劳动量)大致相等的若干个施工段。

3.计算工程量

工程量应根据施工图纸、有关计算规则及相应的施工方法进行计算,计算时应注意以下几个问题。

(1)工程量的计量单位。

(2)所采用的施工方法。

(3)结合施工组织的要求。

(4)正确取用预算文件中的工程量。

4.套用施工定额

根据所划分的施工项目、工程量和施工方法,即可套用施工定额(当地实际采用的劳动定额及机械台班定额),以确定劳动量和机械台班量。

时间定额 H_i 和产量定额 S_i 是互为倒数的关系,即:

$$H_i = 1/S_i \text{ 或 } S_i = 1/H_i$$

5.劳动量的确定

根据计算的工程量和实际采用的定额水平,即可计算出各施工项目的劳动量。

劳动量可按下式计算:

$$P_i = Q_i/S_i = Q_i \cdot H_i$$

式中 P_i——某施工项目所需劳动量(工日);

Q_i——该施工项目的工程量(m^3、m^2、m、t 等);

S_i——该施工项目采用的产量定额(m^3/工日、m^2/工日、m/工日、t/工日等);

H_i——该施工项目采用的时间定额(工日/m^3、工日/m^2、工日/m、工日/t 等)。

对于"其他工程"一项所需的劳动量,可根据其内容和数量,结合工地具体情况,以总劳动量的一定百分比计算确定，一般占总劳动量的 $10\%\sim20\%$。

因为水、暖、燃气、电、卫、通信等建筑设备及生产设备的安装工程项目，由专业安装单位施工，所以，在编制施工进度计划时，不计算其劳动量和机械台班量，仅安排与一般土建工程配合的施工进度。

6. 施工项目工作持续时间计算

（1）经验估计法

这种方法就是根据过去的经验进行估计，一般适用于采用新工艺、新材料、新技术、新结构等无定额可循的工程。为了提高其准确程度，可采用"三时估计法"。若该施工项目的最乐观时间为 A、最悲观时间为 B 和最可能时间为 C，即按下式确定该施工项目的工作持续时间：

$$T = (A + 4C + B)/6$$

（2）定额计算法

这种方法就是根据施工项目需要的劳动量或机械台班量，以及配备的劳动人数或机械台数，来确定其工作持续时间。

当施工项目所需劳动量或机械台班量确定后，可按下式计算确定完成施工任务的持续时间：

$$T_i = P_i/(R_i \cdot b)$$
$$T'_i = D_i/(G_i \cdot b)$$

式中　T_i——某手工操作为主的施工项目持续时间（天）；

P_i——该施工项目所需的劳动量（工日）；

R_i——该施工项目所配备的施工班组人数（人）；

b——每天采用的工作班制（1～3 班制）；

T'_i——某机械施工为主的施工项目持续时间（天）；

D_i——该施工项目所需的机械台班量（台班）；

G_i——某机械项目所配备的机械台数（台）。

在组织分段流水施工时，也可用上式确定每个施工段的流水节拍数。

在应用上述公式时，必须先确定 R_i、G_i 及 b 的数值。

（3）倒排计划法

这种方法是根据流水施工方式及总工期要求，先确定施工时间和工作班制，再确定施工班组人数或机械台数。其计算方法及步骤如下：

1）根据合同工期或定额工期要求确定各分部工程工期 T_L（即流水组工期）；

2）计算主导施工过程的流水节拍 t；

3）确定班组人数或机械台数；

4）确定其他施工过程的流水节拍及班组人数或机械台数。

7. 施工进度计划的检查和调整

施工进度计划可采用横道图或网络图形式。采用网络计划时，最好先排横道图，分清各过程在组织和工艺上的必然联系。然后再根据网络图的绘图原则、步骤、要求进行绘图。

（1）施工顺序的检查和调整

施工进度计划安排的施工顺序应符合建筑施工的客观规律。应从技术上、工艺上、组织上检查各个施工项目的安排是否正确合理，如屋面工程中的第一个施工项目应在主体结构屋面板安装与灌缝完成之后开始。应从质量上、安全上检查平行搭接施工是否合理、技术组织间歇时间是否满足，如主体砌墙一般应从第一个施工段填土完成后开始；又如混凝土浇筑以后的拆模时间是否满足技术要求。总之，所有不当或错误之外，应予修改或调整。

（2）施工工期的检查和调整

施工进度计划工期首先应满足施工合同的要求，其次应具有较好的经济效益，即安排工期要合理，但并不是越短越好。一般评价指标有以下两种：

提前工期：即计划安排的工期比上级要求或合同规定的工期提前的天数。

节约工期：即与定额工期相比，计划工期少用的天数。

（3）资源消耗均衡性的检查与调整

施工进度计划的劳动力、材料、机械等供应与使用，应避免过分集中，尽量做到均衡。这里主要讨论劳动力消耗的均衡问题。

劳动力消耗的均衡与否，可通过劳动力消耗动态图来反映，其纵坐标表示人数，横坐标表示施工进度天数。

劳动力消耗的均衡性可用不均衡系数来表示，用下式计算：

$$K = R_{max} / R_m$$

式中　K——劳动力不均衡系数；

R_{max}——高峰人数；

R_m——平均人数，即为施工总工日数除总工期所得人数。

K 一般应接近于 1，超过 2 则不正常。如果出现劳动力不均衡的情况，可通过调整次要施工项目的施工人数、施工时间和起止时间以及重新安排搭接等方法来实现均衡。

1.5　编　制　原　理

施工进度计划的编制原则是：从实际出发，注意施工的连续性和均衡性；按合同规定的工期要求，做到好中求快，提高效率；追求综合经济效益。

施工进度计划的编制是按流水作业原理的网络计划方法进行的。流水作业是在分工协作和大批量生产的基础上形成的一种科学的生产组织方法。它的特点体现在生产的连续性、节奏性和均衡性上。由于建筑产品及其生产的技术经济特点，在建筑施工中采用流水作业方法时，须把工程分成若干施工段，当第一个专业施工班组完成了第一个施工段的前一道工序而腾出工作面并转入第二个施工段时，第二个专业施工班组即可进入第一施工段完成后一道工序，然后再转入第二施工段连续作业。这样既保证了各施工班组工作的连续性，又使后一道工序能提前插入施工，充分利用了空间，又争取了时间，缩短了工期，使施工能快速而稳定地推进。

1.6　实　训　设　计　资　料

1.6.1　工程特征

某四层学生公寓，底层为商业用房，上部为学生宿舍，建筑面积 3277.96m²。基础为钢筋混凝土独立基础，主体工程为全现浇框架结构。装修工程为铝合金窗、胶合板门；外墙贴面砖，普通涂料刷白；底层顶棚吊顶；楼地面贴地板砖；屋面用 200mm 厚加气混凝土块做保温层，上做 SBS 改性沥青防水层。

1.6.2 施工工期

工程计划 5 月 1 日开工，当年 10 月 1 日竣工。

1.6.3 自然条件

根据地质勘探资料，地表为一、二类土，地表 0.7m 下为三类土。施工现场已经平整，表层土以下为 3.4m 厚的黏土，地下水位在地面下 4.2m，对施工没有影响。

施工期间主导风向为东南风（1～2 级），雨期在 5 月中旬至 6 月上旬。

最高温度集中在 7 月中旬至 8 月中旬，达 30～33℃；最低温度在 1～2 月份，为 -1～-2℃，对施工影响不大。

1.6.4 施工条件

施工现场东临中山大道，南依先锋路，交通便利，各种材料均可满足施工要求。由于地处市区，施工用水、用电可直接与市区水电管网连接，接头距离约 20m。搅拌站和塔吊已由总公司安排。由于无房屋可被利用，办公和生活的临时设施已修建，基本具备施工条件。

本工程严格按照国家现行施工质量验收规范进行验收，工程质量一次验收合格。

1.6.5 劳动量一览表

单位工程劳动量一览表   表 1-2

序号	分部分项工程名称	劳动量（工日或台班）
一	基础工程	
1	机械开挖基础土方	6
2	混凝土垫层	30
3	基础钢筋	59
4	基础模板	73
5	基础混凝土	87
6	回填土	150
二	主体工程	
1	脚手架	313
2	柱筋	135
3	柱、梁、板模板（含楼梯）	2263
4	柱混凝土	204
5	梁、板钢筋（含楼梯）	801
6	梁、板混凝土（含楼梯）	939
7	拆模	398
8	砌空心砖墙（含门窗框）	1096

序号	分部分项工程名称	劳动量（工日或台班）
三	屋面工程	
1	加气混凝土保温隔热层	236
2	屋面找平层	52
3	屋面防水层	49
四	装饰工程	
1	顶棚、墙面中级抹灰	1648
2	外墙面砖	957
3	楼地面及楼梯地砖	929
4	顶棚龙骨吊顶	148
5	铝合金窗扇、胶合板门安装	149
6	顶棚墙面涂料	380

1.7 实　　训

1.7.1 基础工程

基础工程包括 6 个施工过程（不考虑合并）。平面上划分为两个施工段组织施工。其中基础挖土采用机械开挖，考虑到工作面及土方运输需要，将机械挖土与其他人工操作的施工过程分开考虑，不纳入流水。

1. 划分施工项目和施工段

2. 流水节拍的计算

3. 工期计算

4. 用横道图绘制流水施工进度计划

1.7.2 主体工程

主体工程包括 8 个施工过程（不考虑合并），平面上划分为两个施工段组织施工，脚手架搭设不参与流水施工。

1. 划分施工项目和施工段

2. 流水节拍的计算

3. 工期计算

4. 用横道图绘制流水施工进度计划

1.7.3 屋面工程

屋面工程包括 3 个施工过程。考虑屋面防水要求高，不分段施工，即采用依次施工的方式。

1. 划分施工项目和施工段

2. 各施工过程流水节拍的计算

3. 工期计算

4. 用横道图绘制施工进度计划

1.7.4　装饰工程

装饰工程共有 6 个施工过程（不考虑合并），每层 1 个施工段。

1. 划分施工项目和施工段

2. 流水节拍的计算

3. 工期计算

4. 用横道图绘制流水施工进度计划

1.8 实训成绩考核

综合成绩：_____   学号：_____   姓名：_____

评价项目	评价标准	评价依据	评价方式			权重	得分小计	总分
			自评	互评	教师评价			
			20分	20分	60分			
学习态度	1. 按时完成项目； 2. 积极主动、勤学好问	学习表现				0.2		
专业能力	1. 能查阅资料，参照相关实例，完成项目； 2. 能结合所学知识，有自我创新意识； 3. 实训成果的正确性	实训任务完成情况				0.7		
实训纪律	1. 按要求的实训时间实训； 2. 遵守实训纪律，不做与实训无关的事情	纪律表现				0.1		
教师评价								

指导教师签名：   日期：

模块 2 分部工程网络施工进度计划编制实训

2.1 实 训 目 的

通过分部工程网络施工进度计划编制实训，使学生掌握施工组织设计中分部工程网络施工进度计划的编制步骤和方法，巩固理论知识。

2.2 实 训 内 容

1. 划分施工过程和施工段：根据设计资料写出各分部工程的施工过程名称，并进行施工段的划分。

2. 持续时间的计算：根据实训设计资料和持续时间计算的相关要求，计算各分部分项工程的持续时间。

3. 网络进度计划：根据实训设计资料完成网络进度计划绘制。

2.3 网络计划相关知识

2.3.1 施工网络计划绘制的基本要求
（1）布局行列有序，层次分明，尽量把关键工作、关键线路布置在中心位置。
（2）正确应用虚箭线表达各种逻辑关系，特别是"断路"箭杆的应用。
（3）减少不必要的箭线和节点。

2.3.2 施工网络计划的排列方法
（1）按施工过程排列

按施工过程排列就是根据施工顺序把各施工过程按垂直方向排列，而将施工段按水平方向排列，如图 2-1 所示。其特点是相同工种在一条水平线上，突出了各工种的工作情况。

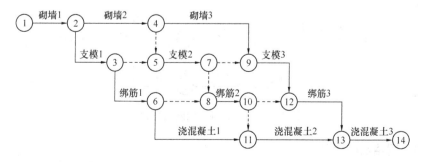

图 2-1 按施工过程排列的网络计划

（2）按施工段排列

按施工段排列就是将同一施工段上的各施工过程按水平方向排列，而将施工段按垂直方向排列，如图2-2所示。其特点是同一施工段上的各施工过程（工种）在一条水平线上，突出了各工作面的利用情况。

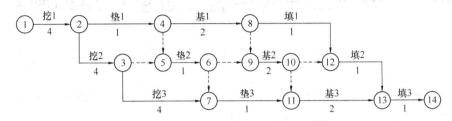

图 2-2　按施工段排列的网络计划

（3）按楼层排列

按楼层排列就是将同一楼层上的各施工过程按水平方向排列，而将楼层按垂直方向排列，如图2-3所示。其特点是同一楼层上的各施工过程（工种）在一条水平线上，突出了各工作面（楼层）的利用情况，使得复杂的施工过程变得清晰。

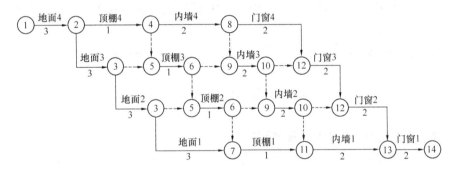

图 2-3　按楼层排列的网络计划

（4）混合排列

在绘制单位工程网络计划等一些较复杂的网络计划时，常采用一种以按施工过程排列为主的混合排列，如图2-4所示。混合排列可根据施工顺序和逻辑关系将各施工过程对称排列，其特点是图形美观、简洁。

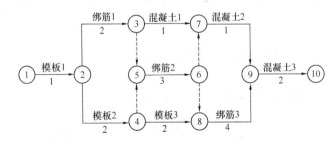

图 2-4　混合排列的网络计划

2.3.3　网络图的合并

为了简化网络图，可以将某些相对独立的网络图合并成只有少量箭线的简单网络图。

网络图合并（或简化）时，必须遵循下述原则：

（1）用一条箭线代替原网络图中某一部分网络图时，该箭线的长度（工作持续时间）应为"被简化部分网络图"中最长的线路长度，合并后网络图的总工期应等于原来未合并时网络图的总工期，如图 2-5 所示。

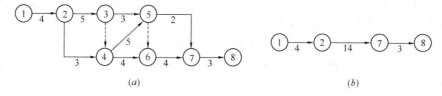

图 2-5　网络图的合并（一）

（a）简化、合并前的网络图；（b）简化、合并后的网络图

（2）网络图合并时，不得将起点节点、终点节点和与外界有联系的节点简化，如图 2-6 所示。

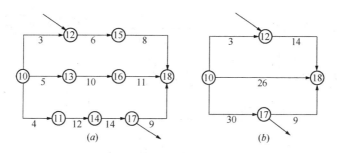

图 2-6　网络图的合并（二）

（a）简化、合并前的网络图；（b）简化、合并后的网络图

2.3.4　网络图的连接

采用分别流水法编制一个单位工程网络计划时，一般应先按不同的分部工程分别编制出局部网络计划，然后再按各分部工程之间的逻辑关系，将各分部工程的局部网络计划连接成为一个单位工程网络计划，如图 2-7 所示，基础按施工过程排列，其余按施工段排列。

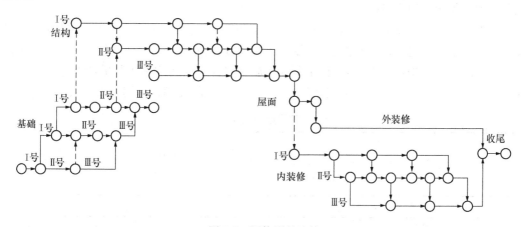

图 2-7　网络图的连接

为了便于把分别编制的局部网络图连接起来，各局部网络图的节点编号数目要留足，确保整个网络图中没有重复的节点编号；也可先连接，然后再统一进行节点编号。

2.3.5 网络图的详略组合

在一个施工进度计划的网络图中，应以"局部详细，整体粗略"的方式，突出重点；或采用某一阶段详细，其他相同阶段粗略的方法来简化网络计划。这种详略组合的方法在绘制标准层施工的网络计划时最常用。

例如，某项四单元六层砖混结构住宅的主体工程，每层分两个施工段组织流水施工，因为二～五层为标准层，所以二层应编制详图，三、四、五层均可采用一个箭线的略图，如图 2-8 所示。

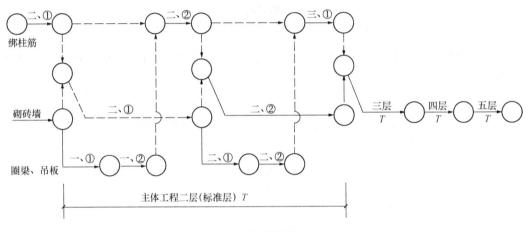

图 2-8 网络图的详略组合

2.4 实训设计资料

某工程为六层二单元混合结构建筑，建筑面积为 1331.2m²。平面形状为矩形，毛石条形基础。主体结构为砖墙，层层设置钢筋混凝土圈梁，楼板为现浇钢筋混凝土楼板。室内地面采用水泥砂浆面层；外墙采用混合砂浆粉刷后涂外墙涂料；内墙、顶棚均为石灰水泥混合砂浆粉刷后刮双飞粉。

本工程的施工安排为：基础划分 2 个施工段施工，主体结构每层划分 2 个施工段，外装修自上而下一次完成，内装修按楼层划分施工段自上而下进行，脚手架、井架、安全网不单独列出。其工程量见表 2-1，该工程在编制网络计划时将主体工程的所有钢筋绑扎合并为一道工作；将所有混凝土浇筑合并为一道工作，并将支模、拆模分离出来。

工程量一览表   表 2-1

序号	分部分项工程名称	工程量		时间定额（工日/m³、工日/t、工日/m²）	持续时间（天）	工作班制	班组人数
		单位	数量				
一	基础工程						
1	人工挖基槽	m³	658.95	0.375	10	1	38

序号	分部分项工程名称	工程量		时间定额（工日/m³、工日/t、工日/m²）	持续时间（天）	工作班制	班组人数
		单位	数量				
2	砌基础	m³	657.23	1.135	8	2	46
3	地圈梁钢筋	t	1.995	3.70	2	1	5
4	浇地圈梁混凝土	m³	16.6	2.548	6	1	7
5	回填土	m³	62.83	0.225	2	1	7
二	主体工程						
1	脚手架、井架、安全网	m³	4375.1	0.07	133	1	3
2	柱筋绑扎	t	5.54	8.45	12	1	4
3	砖墙砌筑	m³	355.35	1.56	12	1	60
4	柱混凝土浇筑	m³	39.68	2.59	12	1	9
5	梁、板钢筋绑扎	t	4.783	9.32	12	1	4
6	梁、板混凝土浇筑	m³	188.75	1.93	12	1	30
7	阳台板混凝土浇筑	m³	27.21	1.583	12	1	4
8	楼梯混凝土浇筑	m³	45.04	0.461	6	1	5
9	栏板钢筋扎	t	0.239	18.9	3	1	2
10	栏板混凝土浇筑	m³	71.83	0.065	1	2	3
三	屋面工程						
1	屋面找平层	m²	239.21	0.112	5	1	6
2	屋面防水层	m²	239.21	0.096	4	1	6
四	装饰工程						
1	楼地面	m²	1131.04	0.022	4	1	6
2	砂浆抹灰	m²	4816.46	0.14	24	1	28
3	外墙装饰	m²	596.11	0.16	12	1	8
4	内墙双飞粉	m²	3035.28	0.112	17	1	20
5	顶棚双飞粉	m²	1185.07	0.118	10	1	14
6	门窗制安	m²	516.29	0.58	20	1	15
7	玻璃油漆	m²	296.62	0.195	6	1	10
8	墙裙油漆	m²	1532.71	0.112	10	1	17
9	散水、台阶、排水沟	m²	117.60	0.29	3	1	11
10	水电						
11	其他工作						

2.5 实　　训

2.5.1 基础工程

1. 划分施工项目和施工段

2. 计算各施工过程持续时间

3. 绘制基础工程分部施工网络进度计划

2.5.2 主体工程
1. 划分施工项目和施工段

2. 计算各施工过程持续时间

3. 绘制主体工程分部施工网络进度计划

2.5.3 屋面工程

1. 划分施工项目和施工段

2. 计算各施工过程持续时间

3. 绘制屋面工程分部施工网络进度计划

2.5.4 装饰工程

1. 划分施工项目和施工段

2. 计算各施工过程持续时间

3. 绘制装饰工程分部施工网络进度计划

2.6 实训成绩考核

综合成绩：_____   学号：_____   姓名：_____

评价项目	评价标准	评价依据	评价方式			权重	得分小计	总分
			自评	互评	教师评价			
			20分	20分	60分			
学习态度	1. 按时完成项目； 2. 积极主动、勤学好问	学习表现				0.2		
专业能力	1. 能查阅资料，参照相关实例，完成项目； 2. 能结合所学知识，有自我创新意识； 3. 实训成果的正确性	实训任务完成情况				0.7		
实训纪律	1. 按要求的实训时间实训； 2. 遵守实训纪律，不做与实训无关的事情	纪律表现				0.1		
教师评价								

指导教师签名：   日期：

模块 3　单位工程的工程概况编制实训

3.1　实　训　目　的

通过单位工程的工程概况编制实训，使学生熟悉施工组织设计中单位工程的工程概况的编制步骤和方法，巩固理论知识。

3.2　实　训　内　容

1. 工程建设概况：根据实训设计资料，编制单位工程的工程建设概况。
2. 建筑设计概况：根据实训设计资料，编制单位工程的建筑设计概况。
3. 结构设计特点：根据实训设计资料，编制单位工程的结构设计特点。
4. 施工条件及特点：根据实训设计资料，编制单位工程的施工现场自然条件、施工条件及施工要求。

3.3　工程概况编制相关知识

单位工程施工组织设计中的工程概况是对拟建工程的特点、地点特征和施工条件等所作的一个简要的、突出重点的介绍。对建筑结构不复杂，规模不大的工程，可采用工程概况表的形式，见表 3-1。为了弥补文字叙述或表格介绍的不足，可绘制拟建工程的平、立、剖面简图，图中只要注明轴线尺寸、总长、总宽、总高及层高等主要建筑尺寸，细部构造尺寸可不注，以求简洁明了。

3.3.1　工程特点

（1）工程建设概况

主要介绍拟建工程的建设单位，工程性质、名称、用途，资金来源及投资额，开竣工日期，设计单位、施工单位（总、分包情况），施工图纸情况（是否出齐、会审等），施工合同是否签订，有关文件或要求等。

（2）建筑设计概况

主要介绍拟建工程的建筑面积及平面组合情况，层数、层高、总高、总宽、总长等尺寸及平面形状，室内外装修的构造及做法等。

（3）结构设计

主要介绍基础构造特点及埋置深度，基础的形式，桩基础的根数及深度，主体结构的类型，墙、柱、梁、板的材料及截面尺寸，预制构件的类型、重量及安装位置，楼梯构造及形式，新结构、新工艺等情况。

工程概况表					表 3-1	
建设单位		建筑结构				
设计单位		层数		屋梁	内粉	
施工单位		基础		吊车梁	外粉	
建筑面积(m²)		墙体			门窗	
工程造价(万元)		柱			楼面	
计划开工日期		梁			地面	
计划竣工日期		楼板			顶棚	
上级文件和要求				地质情况		
施工图纸情况					最高	
合同签订情况			地下水位		最低	
					常年	
土地征购情况			雨量		日最大量	
					一次最大	
"三通一平"情况					全年	
主要材料落实程度			气温		最高	
临时设施解决方法					最低	
					平均	
其他			其他			

3.3.2 施工特点

主要说明工程施工的重点所在，以便突出重点，抓住关键，保证施工顺利地进行，提高施工单位的经济效益和管理水平。不同类型的建筑，不同条件下的工程施工，均具有不同的施工特点。

3.3.3 地点特征

主要反映拟建工程的位置、地形、地质（不同深度的土质分析、冰结期及冰层厚）、地下水位、水质、气温、冬雨期时间、主导风向、风力和地震烈度等特征。

3.3.4 施工条件

主要介绍"三通一平"的情况，当地的交通运输条件，资源生产及供应的情况，施工现场大小及周围环境的情况，预制构件生产及供应情况，施工单位机械、设备、劳动力的落实情况、内部承包方式、劳动组织形式及施工管理水平，现场临时设施、供水供电情况等。

3.4 实训设计资料

本工程为某单位办公楼,三层框架结构,平面为一字形,长52m,宽14m,总建筑面积2231.7m²,底层层高3.0m,标准层层高2.8m,总高12.6m。该工程由××市人民政府投资,××建筑设计研究院设计。

3.4.1 建筑特征

本工程属三类防火建筑,三级耐火,建筑合理使用年限50年。建筑物东西走向长52m,南北走向长14m,大致呈长方形。建筑装饰装修工程仅进行内外墙抹灰,其他的地面、顶棚等项目,由甲方另外承包,不计入土建工程。

3.4.2 结构特征

本工程为框架结构,建筑物抗震设防烈度为七度,框架抗震等级为三级,工程结构正常使用年限为50年。

3.4.3 工程所在地情况

(1)建设地点:××市郊××学校内。

(2)工程地质情况:根据地质勘测报告土质为一般黏性土,天然地基承载力为150kPa,地下水位于地表下6~7m,地表耕质土层厚0.5m。本工程位于地震设防区。

(3)工程气象水文情况

主导风向西南,平均风速2.4m/s;年平均温度15.1℃,历年最热月平均温度32℃;施工期间进入雨期,历年最大降雨量2003mm,历年平均降雨量1053mm。

(4)劳动力和生活设施情况

当地劳动力充足,资源富余,随时可以招到各工种工人,且人员经验丰富。在施工现场附近,搭建临时的宿舍、食堂等设施。本工程位于××学校内,环境好,周围无有害气体和污染企业等情况。

3.4.4 工程施工条件

施工现场"三通一平"已完成,场地已平整到室外地坪标高。施工用水、用电就近接通,水质可满足施工、生活用水需要。电量、电压、水量、水压均可满足需要,城市消防设施可利用,排水可就近引入城市排水系统。

施工企业机械设备情况良好,数量能满足施工需要,企业机构运行正常,管理顺畅。

施工地点道路畅通,运输能力足够,现场交通与城市主要公路干线接通,材料可直接运至现场。

施工材料供应充足,品种齐全,能根据施工进度情况及时地提供各种合格的、足量的材料和预制构件,预制构件在现场附近预制厂制作。

3.4.5 工期及质量目标

拟建工程要求工期:2月15日开始施工,当年10月20日竣工。

本工程严格按照国家现行施工质量验收规范进行验收,工程质量一次交验合格。

3.5 实 训

根据实训设计资料,结合工程实际,完成以下内容的编制。

1. 工程建设概况

2. 建筑设计概况

3. 结构设计特点

4. 施工条件及特点
(1) 施工现场自然条件

(2) 施工条件及施工要求

3.6 实训成绩考核

综合成绩：_____　　　　学号：_____　　　　姓名：_____

评价项目	评价标准	评价依据	评价方式			权重	得分小计	总分
			自评	互评	教师评价			
			20分	20分	60分			
学习态度	1. 按时完成项目； 2. 积极主动、勤学好问	学习表现				0.2		
专业能力	1. 能查阅资料，参照相关实例，完成项目； 2. 能结合所学知识，有自我创新意识； 3. 实训成果的正确性	实训任务完成情况				0.7		
实训纪律	1. 按要求的实训时间实训； 2. 遵守实训纪律，不做与实训无关的事情	纪律表现				0.1		
教师评价								

指导教师签名：　　　　　　　　　　日期：

模块 4　单位工程施工方案编制实训

4.1　实　训　目　的

通过单位工程施工方案编制实训，使学生熟悉工程建设中单位工程施工方案编制的步骤和方法，巩固理论知识。

4.2　实　训　内　容

1. 确定施工程序及流向：根据实训设计资料，编制该单位工程的施工程序及流向。

2. 主要工种的施工方法、施工机械选择：根据实训设计资料，选择该单位工程的主要工种的施工方法，并进行施工机械的选择。

3. 技术组织措施：根据实训设计资料，编制该单位工程的技术组织措施。

4.3　施工方案编制相关知识

4.3.1　确定施工程序

施工程序是指单位工程中各分部工程或施工阶段的先后次序及其制约关系，其是从总体上确定单位工程的主要分部工程的施工顺序。工程施工受到自然条件和物质条件的制约，不同施工阶段的不同的工作内容按照其先后次序循序渐进地向前开展，它们之间有着不可分割的联系，既不能相互代替，也不允许颠倒或跨越。在确定施工程序时应注意如下要点：

1. 做好施工准备工作

单位工程的施工准备分内业和外业两部分。内业准备工作包括熟悉施工图纸、图纸会审、编制施工预算、编制施工组织设计、落实设备与劳动力计划、落实协作单位、对职工进行施工安全教育等。外业准备工作包括完成拆迁、清理障碍、管线迁移（包括场内原有高压线搬迁）、平整场地、设置施工用的临时建筑、完成附属加工设施、铺设临时水电管网、完成临时道路、机械设备进场、必要的材料进场等。

2. "先地下后地上、先土建后设备，先主体后墙窗、先结构后装饰"的原则

（1）"先地下后地上"指的是在地上工程开始之前，尽量把管线、线路等地下设施和土方及基础工程做好或基本完成，以免对地上部分工程施工造成干扰，带来不便。

（2）"先土建后设备"就是不论工业建筑还是民用建筑，土建与水、暖、电、卫设备的关系都需要摆正，尤其在装修阶段，要从保质量、讲成本的角度处理好两者的关系。

（3）"先主体后墙窗"主要是指框架结构，应注意在总的程序上有合理的搭接。一般来说，多层建筑主体结构与墙窗围护结构以少搭接为宜，而高层建筑应尽量搭接施工，以

便有效地缩短工期。

（4）"先结构后装饰"是指有时为了压缩工期，也可以部分搭接施工。

由于影响施工的因素很多，故施工程序并不是一成不变的，特别是随着建筑工业化的不断发展，有些施工程序将发生变化。如考虑季节性影响，冬期施工前应尽可能完成土建结构，以利于防寒和室内作业的开展。

3. 合理安排土建施工与设备安装的施工程序

工业厂房的施工很复杂，除了要完成一般土建工程外，还要同时完成工艺设备和工业管道等的安装工程。为了早日投产，不仅要加快土建工程施工速度，为设备安装工程提供作业面，而且应该考虑设备性质、安装方法、厂房用途等因素，合理安排土建工程与工艺设备安装工程的施工程序。根据所采取的施工方法不同，一般有三种程序。

（1）封闭式施工：是指土建主体结构完成之后（或装饰工程完成之后），即可进行设备安装。它适用于一般机械工业厂房（如精密仪器厂房）的施工。

封闭式施工的优点是：由于作业面大，有利于预制构件现场就地预制、拼装和安装就位，适合选择各种类型的起重机和便于布置开行路线，从而加快主体结构的施工速度；墙窗围护结构能及早完工，设备基础能在室内施工，不受气候影响，可以减少设备基础施工时的冬期、雨期施工设施费用；可利用厂房内的桥式吊车为设备基础施工服务。其缺点是：出现某些重复性工作，如部分柱基回填土的重复挖填和运输道路的重新铺设等；设备基础施工条件较差，场地拥挤，其基坑不宜采用机械挖土；当厂房土质不佳，而设备基础与柱基础又连成一片时，在设备基础基坑挖土过程中，易造成地基不稳定，须增加加固措施费用；不能提前为设备安装提供作业面，因此工期较长。

（2）敞开式施工：是指先施工设备基础，安装工艺设备，然后建造厂房。它适用于冶金、电力等某些重型工业厂房（如冶金工业厂房中的高炉间）的施工。敞开式施工的优缺点与封闭式施工相反。

（3）设备安装与土建施工同时进行：这样土建施工可以为设备安装创造必要的条件，同时需采取防止设备被砂浆、垃圾等污染的保护措施，从而加快了工程的进度。例如，在建造水泥厂时，经济效益最好的施工程序便是两者同时进行。

4. 做好竣工扫尾工作

扫尾工程或称收尾工程，是指工程接近交工阶段有时不免会存在的一些未完的零星项目，其特点是分散、工程量小、分布面广。做好收尾工作有利于提前交工。进行收尾工作时，应首先做好准备工作，摸清收尾项目，然后落实相应劳动力和机具材料，逐项完成。

4.3.2 确定施工流向

施工流向是指在平面或空间上单位工程开始施工的部位及其流动的方向，它着重强调单位工程粗线条的施工流程，但这粗线条却决定了整个单位工程的施工方法及步骤。

施工流向的确定，牵涉一系列施工过程的开展和进程，是组织施工的重要环节，为此，应考虑以下方面：

1. 生产工艺或使用要求

生产工艺上影响其他工段试车投产的或生产使用上要求急的工段或部分可先安排施工。例如：工业厂房内要求先试生产的工段应先施工；高层宾馆、饭店等，可以在主体结构施工到相当层数后，即进行地面上若干层的设备安装与室内外装修。

2. 单位工程各部分的繁简程度

对技术复杂、施工进度较慢、工期较长的工段或部位应先施工。例如，高层现浇钢筋混凝土结构房屋，主楼部分应先施工，裙房部分后施工。

3. 房屋高低层或高低跨

在高低跨并列的单层工业厂房结构安装中，柱的吊装应从高低跨并列处开始；在高低层并列的多层建筑物中，层数多的区段应先施工。

4. 工程现场条件和施工方案

施工场地大小、道路布置和所采用的施工方法及机械也是确定施工流程的主要因素。例如，土方工程施工中，边开挖边外运余土，则施工起点应确定在远离道路的部位，由远及近地展开施工。又如，根据工程条件，挖土机械可选用正铲挖掘机、反铲挖掘机、拉铲挖掘机等，吊装机械可选用履带吊、汽车吊或塔吊。这些机械的开行路线或布置位置决定了基础挖土及结构吊装施工的起点和流向。

5. 施工组织的分层、分段

施工层、施工段的划分也是施工流向应考虑的因素之一。

6. 分部工程或施工阶段的特点

如基础工程由施工机械和施工方法决定其平面的施工流向；主体结构工程从平面上看，从哪一边开始都可以，但竖向一般应自下而上施工；装饰工程竖向的流程比较复杂，室外装饰一般采用自上而下的工程流向；室内装饰则有自上而下、自下而上及自中而下再自上而中三种流向。现将室内装饰的三种流向分述如下：

（1）自上而下的施工方案：是指主体结构工程封顶，做好屋面防水层以后，从顶层开始，逐层向下进行的工程流向，有水平向下和垂直向下的两种方式。施工中一般采用水平向下的方式。

这种方案的优点是：主体结构完成后有一定的沉降时间，能保证装饰工程的质量；做好屋面防水层后，可防止在雨期施工时，因雨水渗漏而影响装饰工程质量；其次，自上而下的流水施工，各施工过程之间交叉作业少，影响小，便于组织施工，有利于保证施工安全，从上而下清理垃圾方便。其缺点是不能与主体施工搭接，因而工期较长。

（2）室内装饰工程自下而上的施工方案：是指主体结构工程施工完成第三层楼板后，室内装饰从第一层插入，逐层向上进行。其施工流程有水平向上和垂直向上两种情况。

这种方案的优点是：可以和主体砌筑工程交叉施工，故可缩短工期。其缺点是各施工过程之间交叉多，需要很好地组织和安排，并需采取必要的安全技术措施。

（3）室内装饰工程自中而下再自上而中的施工方案：该方案综合了前两者的优缺点，适用于高层建筑的室内装饰工程施工；适应施工组织的分区分段；与材料、构件运输的方向不冲突；适应主导工程的合理施工顺序。

单位工程施工方案应结合工程的建筑结构特征、施工条件和建设要求，合理确定该建筑物的施工开展顺序，包括确定建筑物各楼层、各单位工程的施工顺序和流水方向等。

4.3.3 确定施工顺序

施工顺序是指各分项工程或工序之间施工的先后顺序。确定施工顺序是为了按照客观规律组织施工，也是为了解决各工种在时间上的搭接问题，在保证质量和安全的前提下，做到充分利用空间，实现缩短工期的目的。

1. 确定施工顺序时必须遵循的原则

（1）必须符合施工工艺的要求。这个要求反映施工工艺上存在的客观规律和相互制约关系，一般是不能违背的。例如：基础工程未做完，其上部结构就不能进行，基槽（坑）未挖完土方，垫层就不能施工；浇筑混凝土必须在安装模板、钢筋绑扎完成，并经隐蔽工程验收后才能开始；门窗框没安装完成，地面或墙面抹灰就不能开始；抹灰罩面应待基层完工后，并经过一段时间干燥后才能进行；全框架结构可以等框架全部施工完再砌砖墙，而内框架结构只有待外墙砌筑与钢筋混凝土柱都完成后，才能浇筑梁板，钢筋混凝土预制构件必须达到一定强度后才能进行吊装。

（2）必须与施工方法协调一致。如采用分件吊装法时应先吊柱，再吊梁，最后吊一个节间的屋架及屋面板。如采用综合吊装法，则施工顺序为一个节间全部构件吊完后，再依次吊装下一个节间，直至全部吊完。又如先张法和后张法的预应力筋制作和张拉就有不同的顺序。

（3）必须考虑施工组织的要求。例如，有地下室的高层建筑，其地下室地面工程可以安排在地下室顶板施工前进行，也可以在顶板铺设后施工。从施工组织方面考虑，前者施工较方便，上部空间宽敞，可利用吊装机械直接将地面施工用的材料吊到地下室，而后者，地面材料运输和施工比较困难。

（4）必须考虑施工质量的要求。如屋面防水施工，必须等找平层干燥后才能进行，否则将影响防水工程的质量。又如多层结构房屋的内墙面及顶棚抹灰，应待上一层楼地面完成后再进行，否则抹灰面易遭损坏，造成返工修补。

（5）必须考虑当地气候条件。如雨期和冬期到来之前，应先完成室外各项施工过程，为室内施工创造条件。冬期施工时，可先安装门窗玻璃，再做室内地面及墙面抹灰，这样有利于保温和养护。

（6）必须考虑安全施工的要求。如脚手架应在每层结构施工之前搭好。又如多层砖混结构，只有完成两个楼层板的铺设后，才允许在底层进行其他施工操作。

2. 多层砖混结构的施工顺序

多层砖混结构的施工，一般可划分为基础、主体、屋面、装修及房屋设备安装等分部工程，或划分为基础、主体、屋面装修及房屋设备安装等施工阶段。

（1）基础阶段的施工顺序。这个阶段的施工过程与施工顺序一般是：挖土→垫层→基础→防潮层→回填土。如有桩基础，则应另列桩基工程。如有地下室，垫层完成后进行地下室底板、墙体施工，再做防水层，施工地下室顶板，最后回填土。

挖土与垫层施工搭接应紧凑（或合并为一个施工过程），间隔时间不宜太长，以防下雨后基槽（坑）内积水，影响地基的承载能力。还应注意垫层施工后的技术间歇时间，使之具有一定的强度后，再进行后一道工序的施工。各种管沟的挖土、铺设等应尽可能与基础施工配合，平行搭接进行。回填土一般在基础完工后一次分层夯填完毕，以便为后道工序施工创造条件，但应注意基础本身的承受力。当工程量较大且工期较紧时，也可将填土分段与主体结构搭接进行，或安排在室内装修施工前进行（如室内填土）。

（2）主体阶段的施工顺序。这个阶段的施工过程包括：搭设垂直运输机械及脚手架、墙体砌筑、现浇圈梁和雨篷、安装楼板等。

这一阶段应以墙体砌筑为主进行流水施工，根据每个施工段砌墙工程量、工人数、垂直运输量及吊装机械效率等计算确定流水节拍的大小，而其他施工过程则应配合砌墙的流水，搭接进行。如脚手架搭设及楼板铺设应配合砌墙进度逐段逐层进行；其他现浇构件的支模、绑钢筋可安排在墙体砌筑的最后一步插入，与现浇圈梁同时进行；预制楼梯段的安装必须与墙体砌筑和楼板安装紧密配合，一般应同时或相继完成。当采用现浇楼梯时，更应注意与楼层施工紧密配合，否则由于混凝土养护的需要，后道工序将不能如期进行，从而延长工期。

（3）屋面、装修、房屋设备安装阶段的施工顺序。这个阶段的特点是施工内容多，繁而杂；有的工程量大而集中，有的小而分散；劳动消耗量大，手工操作多，工期较长。

屋面保温层、找平层、防水层施工应依次进行。刚性防水屋面的现浇钢筋混凝土防水层、分格缝施工应在主体结构完成后开始并尽快完成，为室内装修创造条件。一般情况下，它可以和装修工程搭接或平行施工。

装修工程可分为室外装修（外墙抹灰、勒脚、散水、台阶、明沟、落水管及道路等）和室内装修（顶棚、墙面、地面抹灰、门窗扇安装、五金及各种木装修、踢脚线、楼梯踏步抹灰等）。要安排好立体交叉平行搭接施工，合理确定其施工顺序。装修工程通常有先内后外，先外后内，内外同时进行三种顺序。如果是水磨石楼面，为防止楼面施工时渗漏水对外墙面的影响，应先完成水磨石的施工；如果为了加速脚手架周转或要赶在冬雨期到来之前完成外装修，则应采取先外后内的顺序；如果抹灰工太少，则不宜采用内外同时施工。一般说来，采用先外后内的顺序较为有利。

室内抹灰在同一层内的顺序有两种：地面→顶棚→墙面；顶棚→墙面→地面。前一种顺序便于清理地面基层，地面质量易于保证，而且便于利用墙面和顶棚的落地灰，节约材料。但地面需要养护时间及采取保护措施，否则后道工序不能及时进行。后一种顺序应在做地面面层时将落地灰清扫干净，否则会影响地面的质量（产生起壳现象），而且地面施工用水的渗漏可能影响墙面、顶棚的抹灰质量。

底层地坪一般是在各层装修做好后施工。为保证质量，楼梯间和踏步抹灰往往安排在各层装修基本完成后进行。门窗扇的安装可在抹灰之前或之后进行，主要视气候和施工条件而定，宜先油漆门窗扇，后安装玻璃。

房屋设备安装工程的施工可与土建有关分部分项工程交叉施工，紧密配合。例如基础施工阶段，应先将相应的管沟埋设好，再进行回填土；主体结构阶段，应在砌墙或现浇楼板的同时预留电线、水管等的孔洞或预埋木砖和其他预埋件；装修阶段，应安装各种管道和附墙暗管、接线盒等。水、暖、燃气、电、卫等设备安装最好在楼地面和墙面抹灰之前或之后穿插施工。室外上下水管道等的施工可安排在土建工程之前或与土建工程同时进行。

3. 单层装配式厂房的施工顺序

单层装配式厂房的施工，一般可分为基础、构件预制，吊装，墙窗围护结构，屋面，装修及设备安装等分部工程，或分为基础，构件预制，吊装，墙窗围护及屋面，装修，设备安装等施工阶段。

（1）基础阶段的施工顺序。这个阶段的施工过程和顺序是：挖土→垫层→杯形基础（也可分为绑筋、支模、浇混凝土等）→填土。如采用桩基础，可另列一个施工阶段。打桩工程也可安排在准备阶段进行。若桩基、土方和基础工程分别为不同单位分包，则可分为三个单独的施工过程，分别组织施工。

对厂房内的设备基础，应根据不同情况，采用封闭式或敞开式施工。封闭式，即厂房柱基础先施工，设备基础在结构安装后施工。其适用于设备基础不大、不深（不超过桩基础深度）、不靠近桩基的情况。敞开式，即厂房柱基础与设备基础同时施工。其适用于设备基础较大较深、靠近柱基的情况，施工时应遵循先深后浅的顺序来安排设备基础施工。

（2）预制阶段的施工顺序。这个阶段主要包括一些重量较大、运输不便的大型构件，如柱、屋架、吊车梁等的现场预制。可采用先柱后屋架或柱、屋架依次分批预制的顺序，主要取决于结构吊装方法。现场后张法预应力屋架的施工顺序是：场地平整夯实→支模（地胎模或多节脱模）→绑筋（有时先绑筋后支模）→预留孔道→浇筑混凝土→养护→拆模→预应力钢筋张拉→锚固→灌浆。

（3）吊装阶段的施工顺序。这个阶段的施工顺序取决于吊装方法。采用分件吊装法时，其顺序一般是：第一次开行吊装柱，并进行校正固定；第二次开行安装吊车梁、连系梁、基础梁等；第三次开行吊装屋盖构件。采用综合吊装法时的施工顺序一般是：先吊装1、2个节间的4～6根柱，再吊装该节间内的吊车梁等构件，最后吊装该节间内的屋盖构件，如此逐间依次进行，直至全部厂房吊装完毕。抗风柱的吊装，可采用两种顺序：一是在吊装柱的同时先安装同跨一端抗风柱，另一端则在屋盖吊装完毕后进行；二是全部抗风柱的吊装均待屋盖吊装完毕后进行。

（4）墙窗围护、屋面及装修阶段的施工顺序。这个阶段总的施工顺序是：墙窗围护结构→屋面工程→装修工程，但有时也可互相交叉，平行搭接施工。

墙窗围护结构的施工过程和顺序为：搭设垂直运输机具（井架等）→砌砖墙（脚手架搭设与之相配合）→现浇门框、雨篷等。

屋面工程在屋盖构件吊装完毕，垂直运输机械搭好后，就可安排施工，其施工过程和顺序与前述砖混结构基本相同。

装修工程包括室内装修（包括地面、门窗扇、玻璃安装、油漆、刷白等）和室外装修（包括勾缝、抹灰、勒脚、散水等），两者可平行施工，也可与其他施工过程穿插进行。室外抹灰一般自上而下；室内地面施工前将前序工序全部做完；刷白应在墙面干燥和大型屋面板灌缝之后进行，并在油漆开始之前结束。

（5）设备安装阶段的施工顺序。水、暖、燃气、卫、电安装与前述砖混结构相同。而生产设备的安装，一般由专业公司承担，由于专业性强、技术要求高，应遵照相关顺序进行。

4. 多层现浇钢筋混凝土框架结构的施工顺序

多层现浇钢筋混凝土框架结构的施工，一般可划分为基础工程、主体结构工程、墙窗围护结构工程和装饰及设备安装工程等4个施工阶段，如图4-1所示。

4.3.4　施工方法、施工机械的选择

单位工程各主要施工过程的施工，一般有几种不同的施工方法（或机械）可供选择。应根据建筑结构特点，平面形状、尺寸和高度，工程量大小及工期长短，劳动力及资源供应情况，气候及地质情况，现场及周围环境，施工单位技术、管理水平等，进行综合考虑，选择合理的、切实可行的施工方法。正确选择施工方法和施工机械也是施工组织中的关键部分，它直接影响施工进度、施工质量和安全以及工程成本。

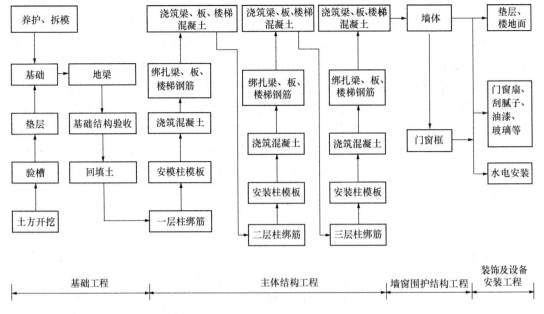

图 4-1　多层全现浇框架结构施工顺序示意图

在拟定施工方法时，应突出重点。凡新技术、新工艺和对本工程质量起关键作用的分部分项工程以及工人在操作上还不够熟悉的分项工程，应拟定详细而具体的施工方法。对常规做法和工人熟悉的分项工程，则不必详细拟定，可只提具体要求。

在拟定施工方法时涉及施工机械的选择问题，因此施工机械的选择是拟定施工方法的中心环节，在选择时应着重考虑以下几点。

（1）首先选择主导工程的施工机械，如地下工程的施工机械、主体结构工程的垂直和水平运输机械、结构吊装工程的起重机械等。

（2）各种辅助机械或运输工具应与主导机械的生产能力协调匹配，以充分发挥主导机械的效率。如土方工程在采用汽车运土时，汽车的载重量应为挖土机斗容量的整数倍数，汽车的数量应保证挖土机连续工作。

（3）在同一工地上，应力求建筑机械的种类和型号尽可能少一些，以利于机械管理；尽量使机械少，而配件多，一机多能，提高机械使用率。

（4）机械选择应考虑充分发挥施工单位现有机械的能力，当本单位的机械能力不能满足工程需要时，则应购置或租赁所需新型机械或多功能机械。

4.3.5　技术组织措施

技术组织措施是保证工程质量、安全、成本、文明施工所采取的方法与措施。拟定这些方法和措施时，要针对单位工程施工中的主要环节，结合工程具体情况和施工条件，依据有关规范、规程和工程经验进行。施工中常用的技术组织措施有：

1. 保证工程质量的措施

工程质量的关键是从全面质量管理的角度，建立质量保证体系，采取切实可行的有效措施，从材料采购、订货、运输、堆放、施工、验收等各方面保证质量。质量保证措施应从以下几个方面考虑：

（1）确保工程定位放线、轴线尺寸、标高测量等准确无误的措施。

（2）对复杂地基的处理，应采取保证地基承载力符合设计要求的技术措施。

（3）确保各种基础、地下结构施工质量的措施。

（4）确保主体承重结构各主要施工过程的质量要求，各种预制承重构件检查验收的措施，各种材料、半成品、砂浆、混凝土等检验及使用要求。

（5）对新结构、新工艺、新材料、新技术的施工操作制定质量保证措施。

（6）确保屋面防水、装饰工程施工质量的措施。

（7）季节性施工的质量措施，消除质量通病及其预防措施。

（8）执行施工质量的检查、验收制度。

（9）坚持"验评分离，强化验收，完善手段，过程控制"的指导思想，严格执行《建筑工程施工质量验收统一标准》GB 50300—2013 的相关要求。

2. 施工安全保证措施

建筑施工生产由于工程量大，施工工期长，受环境、气候影响大等特点，容易发生安全事故。因此，安全施工在施工中占有重要的地位，编制施工组织设计时，应给予足够重视。

施工安全技术措施应贯彻安全操作规程，预测施工过程中可能发生的安全问题，有针对性地提出预防措施，切实加以落实，以保证施工安全。一般应从以下几个方面考虑：

（1）提出安全施工宣传、教育的具体措施。

（2）提出易燃、易爆品管理及使用的安全技术措施。

（3）高温、有毒、有尘、有害气体环境下操作人员的安全要求和措施。

（4）防止高空坠落、机具伤害、触电事故、物体打击和土方塌落等工伤事故的安全措施。

（5）狂风、暴雨、雷电等各种特殊天气发生前后的安全检查措施及安全维护制度。

（6）消防措施。

3. 降低工程成本措施

合理利用资源，在有限的资源条件下，保证施工质量和安全的同时，使工程造价最大限度地降低，是编制单位工程施工组织设计的目的之一。降低成本措施是施工组织设计的重要内容，促使施工企业加强"两算"对比，提高经济效益。降低成本的措施应从以下几个方面考虑：

（1）由项目部领导来合理组织施工，采用先进的施工技术。

（2）合理的劳动组织，以保证劳动生产率的提高，减少总用工数。

（3）物资管理的计划性，从采购、运输、现场管理及材料回收等方面，最大限度地降低原材料和成品、半成品的成本。

（4）采用新技术、新工艺，以提高工效，降低材料消耗量，节约施工费用。

（5）保证工程质量，减少返工损失；保证安全生产，减少事故发生，避免意外工伤事故带来的损失。

（6）采用机械化施工，提高机械利用率，减少机械费用的开支。

（7）增收节支，减少施工管理费的支出。

（8）利用原有建筑物，减少临时设施费用。

（9）采用流水施工，缩短工期，以节省各项费用开支。

4. 现场文明施工措施

现场文明施工措施主要包括以下几个方面：

（1）施工现场的围挡与标牌，出入口设置与交通安全，道路畅通，场地平整。

（2）临时设施的规划与搭设，办公室、食堂、厕所的设置与环境卫生。

（3）各种材料、半成品、构件的堆放与管理。

（4）散碎材料、施工垃圾以及各种污染源的管理，如搅拌机冲洗废水，油漆废液、灰浆水等施工废水污染，运输土方与垃圾、白灰堆放、散装材料运输等粉尘污染，熬制沥青、熟化石灰等废气污染，打桩、搅拌混凝土、振捣混凝土、电刨、电锯施工等噪声污染。

（5）合理组织施工，加强成品保护。

（6）施工机械保养与安全使用，施工用电安全，消防措施。

（7）其他文明措施。

拟定各项措施，应具有针对性，具体明确，切实可行，并指定专人负责。

4.4 实训设计资料

实训设计资料见第3.4节。

4.5 实　　训

1. 根据实训设计资料确定施工程序及流向。

2. 根据实训设计资料，并结合工程实际，选择主要施工过程的施工方法。

（1）基础施工阶段

1）土方开挖

2）垫层

3）钢筋混凝土基础

4）回填土

（2）主体施工阶段

1）钢筋工程

2）模板工程

3）混凝土工程

（3）墙体、屋面工程施工阶段
1）墙体工程

2）屋面工程

（4）装饰工程施工阶段

1）顶棚、墙面抹灰

2）瓷砖饰面

3. 根据实训设计资料编制主要技术组织措施

（1）保证工程质量的措施

（2）施工安全保证措施

（3）降低工程成本措施

（4）现场文明施工措施

4.6 实训成绩考核

综合成绩：_____   学号：_____   姓名：_____

评价项目	评价标准	评价依据	评价方式			权重	得分小计	总分
			自评	互评	教师评价			
			20分	20分	60分			
学习态度	1. 按时完成项目； 2. 积极主动、勤学好问；	学习表现				0.2		
专业能力	1. 能查阅资料，参照相关实例，完成项目； 2. 能结合所学知识，有自我创新意识； 3. 实训成果的正确性	实训任务完成情况				0.7		
实训纪律	1. 按要求的实训时间实训； 2. 遵守实训纪律，不做与实训无关的事情	纪律表现				0.1		
教师评价								

指导教师签名：   日期：

模块5 单位工程施工平面图绘制实训

5.1 实 训 目 的

通过单位工程施工平面图绘制实训，使学生掌握施工平面图的绘制内容和方法，学会使用绘图软件完成施工平面图的绘制，巩固理论知识。

5.2 实 训 内 容

1. 单位工程施工平面图绘制说明书：有完整的文字资料，应包括施工平面图设计依据、施工平面图的设计原则与步骤、起重运输机械位置的确定、搅拌站、加工棚、仓库及材料堆场的布置、运输道路的布置、临时设施的布置、临时供水、供电设施的布置、安全文明施工措施、建筑节能措施、环境保护措施等。

2. 单位工程主体施工阶段平面布置图：用天正建筑软件绘制平面布置图，图中应标示已建、拟建主要建筑物、构筑物及管线；搅拌站、输送泵站、加工棚、仓库、办公、道路、宿舍、食堂、消防及安全设施等生产生活设施；垂直运输机械的位置、开行路线、控制范围；构件、材料、加工半成品及施工机具的堆场；必要的图例、比例尺，方向及风向标记。设施应布置紧凑，少占地；考虑缩短运距，避免二次搬运；尽量少建临时设施，减少费用；临时设施的布置要方便生产和生活；平面布置要符合劳动保护、安全、防火、文明施工等要求。临时房屋面积根据进度计划中高峰期人数及面积定额确定；生产性、生活性设施要适当分开，以使用方便、不妨碍施工；设施与场地尺寸规模适当。

5.3 单位工程施工平面图相关知识

5.3.1 单位工程施工平面图设计依据

施工图纸，现场地形图，供水供电情况，施工场地情况，可利用的房屋及设施情况，施工组织总设计（如施工总平面图等），单位工程的施工方案与施工方法、施工进度计划及各种资源需用量计划等。

5.3.2 单位工程施工平面图设计原则与步骤

施工平面图的设计原则是：在满足施工安全、保证现场施工顺利进行的条件下，要布置紧凑，占地省，不占或少占农田；要做到短运输、少搬运，尽量避免二次搬运；要尽量减少临时设施的搭设；应符合劳动保护、安全生产、消防、环保等要求。

施工平面图的设计步骤一般是：确定起重运输机械的位置→确定搅拌站、加工棚、仓库、材料及构件堆场的尺寸和位置→布置运输道路→布置临时设施→布置水电管线→布置安全消防设施→调整优化。

以上步骤在实际设计时，往往互相关联，互相影响。因此，要多次反复进行。除研究在平面上布置是否合理外，还必须考虑它们的空间条件是否合理，特别要注意安全问题。

5.3.3 起重运输机械位置的确定

起重运输机械位置，直接影响仓库、材料、构配件、道路、搅拌站、水电线路的布置，应首先予以考虑。一般工业与民用建筑工程施工的起重运输机械，主要有塔式起重机、龙门架（或井架）等。

1. 塔吊的布置

（1）塔吊的平面位置

塔吊的平面位置主要取决于建筑物的平面形状和四周场地条件，一般应在场地较宽的一面沿建筑物的长度方向布置，以便于材料运输及充分发挥效率。塔吊一般单侧布置，有时还有双侧布置或跨内布置。

（2）塔吊的起重参数

塔吊一般有三个起重参数：起重量（Q）、起重高度（H）和回转半径（R）。有些塔吊还设起重力矩（起重量与回转半径的乘积）参数。

塔吊的平面位置确定后，应使其所有参数均满足吊装要求。塔吊高度取决于建筑高度及起重高度。单侧布置时，塔吊的回转半径应满足下式要求：

$$R \geqslant B + D$$

式中　R——塔吊的最大回转半径（m）；

　　　B——建筑物平面的最大宽度（m）；

　　　D——轨道中心与外墙边线的距离（m）。

轨道中心与外墙边线的距离 D 取决于凸出墙面的雨篷、阳台以及脚手架的尺寸，还取决于塔吊的型号、性能及构件重量和位置，这与现场地形及施工用地范围大小有关系。如 $R \geqslant B + D$ 得不到满足，则可适应减少 D 的尺寸。如 D 已经是最小安全距离时，则应采取其他技术措施，如采用双侧布置、结合井架布置等。

（3）塔吊的服务范围

以塔吊为圆心，小车在负荷（额定重量）状态下达到吊臂最远所画出圆范围内的所有区域，即为塔吊服务范围。

建筑物处在塔吊服务范围以外的阴影部分，称为"死角"。塔吊布置的最佳状况是使建筑物平面均处在塔吊的服务范围以内，避免"死角"。如果做不到这一点，也应使"死角"越小越好，或使最重、最高、最大的构件不出现在"死角"。如果塔吊吊装最远构件，需将构件作水平推移时，则推移距离一般不得超过 1m，并应有严格的技术安全措施。否则，需采取其他辅助措施，如布置井架或在楼面进行水平转运等，使施工顺利进行。

2. 龙门架的布置

龙门架主要用作垂直运输，其吊篮尺寸较大，可用于提升材料、楼板等。龙门架的布置位置取决于建筑物平面形状和大小、房屋的高低分界、施工段的划分及四周场地大小等条件。当建筑物呈长条形，层数、高度相同时，一般应布置在施工段的分界处，靠现场较宽的一面，以便在井架或龙门架附近堆放材料和构件，缩短运距。卷扬机的位置不能离井架或龙门架太近，一般应在 15m 以外，以便卷扬机操作工能判断吊盘升降时所处的位置。

3. 自行式起重机

对履带吊、汽车吊等，一般只要考虑其行走路线。行走路线根据吊装构件重量、堆放场地、吊装方法及建筑物的平面形状和高度确定。

5.3.4 搅拌站、加工棚、仓库及材料堆场的布置

布置的总体要求是：既要使它们尽量靠近使用地点或将它们布置在起重机服务范围内，又要便于运输、装卸。

1. 搅拌站的布置

单位工程是否需要设砂浆和混凝土搅拌机，以及搅拌机采用的型号、规格、数量等，一般在选择施工方案与施工方法时确定。搅拌站的布置要求如下：

（1）搅拌站应有后台上料的场地，尤其是混凝土搅拌机，要与砂石堆场、水泥库一起考虑布置，既要互相靠近，又要便于材料的运输和装卸。

（2）搅拌站应尽可能布置在垂直运输机械附近，以减少混凝土及砂浆的水平运距。当采用塔吊方案时，混凝土搅拌机的位置应使料斗能从其出料口直接卸料并挂钩起吊。

（3）搅拌站应设在施工道路近旁，使小车、翻斗车运输方便。

（4）搅拌站场地四周应设置排水沟，以有利于清洗机械和排除污水，避免造成现场积水。

（5）混凝土搅拌台所需面积约 $25m^2$，砂浆搅拌台约 $15m^2$，冬期施工还应考虑保温与供热设施等，相应增加其面积。

2. 加工棚的布置

木材、钢筋、水电等加工棚宜设置在建筑物四周稍远处，并有相应的材料及成品堆场。

石灰及淋灰池可根据情况布置在砂浆搅拌机附近。沥青灶锅应选择较空的场地，远离易燃品仓库和堆场，并布置在下风向。

现场作业棚面积参照表 5-1 确定。

现场作业棚所需面积参考指标　　　表 5-1

序号	名称	面积	堆场占地面积	序号	名称	面积	堆场占地面积
1	木工作业棚	$2m^2$/人	棚的 3～4 倍	8	电工房	$15m^2$	
2	电锯房	40～80m^2		9	钢筋对焊	15～24m^2	棚的 3～4 倍
3	钢筋作业棚	$3m^2$/人	棚的 3～4 倍	10	油漆工房	$20m^2$	
4	搅拌棚	10～18m^2/台		11	机钳工修理	$20m^2$	
5	卷扬机棚	6～12m^2/台		12	立式锅炉房	5～10m^2/台	
6	烘炉房	30～40m^2		13	发电机房	0.2～0.3m^2/kW	
7	焊工房	20～40m^2		14	水泵房	3～8m^2/台	

3. 仓库及堆场的布置

仓库及堆场的面积应先通过计算确定，然后根据各个施工阶段的需要及材料使用的先后来进行布置。同一场地可供多种材料或构件堆放，如先堆砖石、再堆门窗扇等。仓库及堆场的布置要求如下：

（1）材料仓库或露天堆场的布置

水泥仓库应选择地势较高、排水方便、靠近搅拌机的地方。各种易爆、易燃品仓库的布置应符合防火、防爆安全距离的要求。木材、钢筋及水电设备等仓库，应与加工棚结合布置，以便就近取材加工。

（2）预制构件的布置

装配式单层厂房的各种构件应根据吊装方案及方法，先画出平面布置图，再依此进行布置。多层装配式房屋的构件应布置在起重机服务范围内（塔吊）或回转半径内（履带吊、汽车吊等），以便直接挂钩起吊，避免二次转运。砖混结构的梁、板等构件，采用塔吊方案时应尽可能布置在其服务范围内；采用井架方案时应尽可能靠近井架布置。其他小型构件视现场情况，可以比大梁、楼板等离垂直运输机械远一些，因为小构件搬运比较方便。

现场构件堆放数量应视施工进度及运输能力和条件等因素考虑，最好根据每层楼或每个施工段的施工进度，实行分期分批配套进场，吊完一层楼（或一个施工段）再进场一批构件，以节省堆放面积。

各种钢、木门窗及钢、木构件，一般不宜露天堆放，其堆放场地及面积可根据现场具体情况确定，也可放在已建主体结构底层室内或搭棚堆存。

（3）材料堆场的布置

各种主要材料，应根据其用量的大小、使用时间的长短、供应与运输情况等确定。凡用量较大、使用时间较长、供应与运输比较方便者，在保证施工进度与连续施工的情况下，均应考虑分期分批进场，以减小堆场或仓库所需面积，达到降低损耗、节约施工费用的目的。应考虑先用先堆，后用后堆，有时在同一地方，可以先后堆放不同的材料。

钢模板、脚手架等周转材料，应选择在装卸、取用、整理方便和靠近拟建工程的地方布置。

基础及底层用砖，可根据场地情况，沿拟建工程四周分堆布置，并距基坑、槽边不小于0.5m，以防止塌方。底层以上的用砖，采用井架运输时应布置在垂直运输设备的附近，采用塔吊运输时可布置在其服务范围内。

砂石应尽可能布置在搅拌机后台附近，石子的堆场应更靠近搅拌机，并按石子不同粒径分别设置。

5.3.5 运输道路的布置

施工运输道路应根据材料和构件运输的需要，沿其仓库和堆场布置，使之畅通无阻。

1. 施工道路的技术要求

（1）道路的最小宽度见表5-2，最小转弯半径见表5-3。

施工现场道路最小宽度　　　　　　　　　　　　　　　　　表5-2

序号	车辆类别及要求	道路宽度（m）
1	汽车单行道	不小于3.0
2	汽车双行道	不小于6.0
3	平板拖车单行道	不小于4.0
4	平板拖车双行道	不小于8.0

车辆类型	路面内侧的最小曲线半径（m）		
	无拖车	有一辆拖车	有二辆拖车
小客车、三轮汽车	6	—	—
一般二轴载重汽车	单车道9	12	15
	双车道7		
三轴载重汽车 重型载重汽车	12	15	18
起重型载重汽车	15	18	21

施工现场道路最小转弯半径   表 5-3

架空线及管道下面的道路，其通行空间宽度应比道路宽度大 0.5m，空间高度应大于 4.5m。

（2）道路的做法

一般砂性土可采用碾压土路方法处理。当土质黏或泥泞、翻浆时，可采用加骨料碾压路面的方法，骨料应尽量就地取材，如碎砖、炉渣、卵石、碎石及大石块等。

为了排除路面积水，保证正常运输，道路路面应高出自然地面 0.1～0.2m，雨量较大的地区应高出地面 0.5m 左右，道路两侧设置排水沟，一般沟深和底宽不小于 0.4m。

2. 施工道路的布置要求

（1）应满足材料、构件等运输要求，使道路通到各个仓库及堆场，并距离其装卸区越近越好，以便装卸。

（2）应满足消防的要求，使道路靠近建筑物、木料场等易发生火灾的地点，以便车辆能直接开到消防栓处。消防车道宽度不小于 3.5m。

（3）为提高车辆的行驶速度和通行能力，应尽量将道路布置成环形路。如不能设置环形路，应在路端设置倒车场地。

（4）应尽量利用已有道路或永久性道路。根据建筑总平面图上永久性道路位置，先修筑路基，作为临时道路。工程结束后，再修筑路面。这样可节约施工时间和费用。

（5）施工道路应避开拟建工程和地下管道等地方。否则，这些工程后期施工时，将切断临时道路，给施工带来困难。

5.3.6 临时设施的布置

单位工程的临时设施分生产性和生活性两类。生产性临时设施主要包括各种料具仓库、加工棚等，其布置要求前已述及；生活性临时设施主要包括行政管理、文化、生活用房等。布置生活性临时设施时，应遵循使用方便、有利施工、合并搭建、保证安全的原则。

如果拟建单位工程属建设项目中的一个，则一般大型临时设施在施工组织总设计中已考虑，本工程只需根据实际情况考虑再添设一些小型设施。如果是一个独立的单位工程，则可能要考虑得全面一些。但在某些工厂或企事业单位中施工时，许多临时设施可与建设单位协商，租用解决。

临时设施应尽可能采用活动式、装拆式结构，或就地取材。门卫应设在现场出入口处。办公室应靠近施工现场。工人休息室应设在工作地点附近。生活性与生产性临时设施应有所区分，不要互相干扰。

5.3.7 临时供水、供电设施的布置

关于临时供水，应先进行用水量、管径等计算，然后进行布置。单位工程的临时供水管网，一般采用枝状布置方式。供水管径可通过计算或查表选用，一般 $5000\sim10000\text{m}^2$ 的建筑物，其施工用水主管直径为 50mm，支管直径为 15～25mm。单位工程供水管的布置，除应满足计算要求以外，还应将供水管分别接至各用水点（如砖堆、石灰池、搅拌站等）附近，分别接出水龙头，以满足现场施工的用水需要。此外，在保证供水的前提下，应使管线越短越好，以节约施工费用。管线可暗铺，也可明铺。

在临时供电方面，也应先进行用电量、导线等计算，然后进行布置。单位工程的临时供电线路，一般也采用枝状布置，其要求如下：

1. 尽量利用原有的高压电网及已有的变压器。

2. 变压器应布置在现场边缘高压线接入处，离地应大于 3m，四周设有高度大于 1.7m 的铁丝网防护栏，并设有明显的标志。不要把变压器布置在交通道口处。

3. 线路应架设在道路一侧，距建筑物应大于 1.5m，垂直距离应在 2m 以上，木杆间距一般为 25～40m，分支线及引入线均应在杆上横担处连接。

4. 线路应布置在起重机械的回转半径之外。否则必须搭设防护栏，其高度要超过线路 2m，机械运转时还应采取相应的措施，以确保安全。现场机械较多时，可采用埋地电缆代替架空线，以减少互相干扰。

5. 供电线路跨过材料、构件堆场时，应有足够的安全架空距离。

6. 各种用电设备的闸刀开关应单机单闸，不允许一闸多机使用，闸刀开关的安装位置应便于操作。

7. 配电箱等在室外时，应有防雨措施，严防漏电、短路及触电事故。

5.3.8 施工平面图的绘制

绘制单位工程施工平面图时，应尽量将拟建单位工程放在图的中心位置。施工平面图的内容和数量一般根据工程特点、工期长短、场地情况等确定。一般中小型单位工程只绘制主体结构施工阶段的平面布置图即可；对于工期较长或场地受限制的大中型工程，则应分阶段绘制多张施工平面图；又如单层工业厂房的建筑安装工程，则应分别绘制基础、预制吊装等施工阶段的施工平面图。综上所述，工程施工是一个复杂多变的生产过程，各种机械、材料、构件随着工程的进展不断进场消耗，施工平面图在各施工阶段会有很大变化，故对于大型工程项目，由于工期长，变化大，就需要按不同施工阶段设计若干施工平面图，以便把不同施工阶段内工地的合理布置具体反映出来。

施工平面图的绘制方法和要求如下：

1. 确定图幅的大小和比例

图幅大小和绘图比例应根据工地大小及布置的内容多少来确定。图幅一般采用 2 号和 3 号图纸，比例为 1：200～1：500，通常使用 1：200 的比例。

2. 合理规划和设计图纸

根据图幅大小，按比例尺寸将拟建房屋的轮廓绘制在图中的适当位置，以此为中心，按布置原则和要求绘制起重机及配套设施的轮廓线。

3. 绘制工地需要的临时设施

按各临时设施的要求和计算面积，逐一绘制其轮廓线位置，其图例应符合建筑制图要求。

4. 绘制正式施工平面图

在完成各项布置后，再经过分析、比较、优化、调整修改，形成施工草图；然后再按规范规定的线型、线条、图例等对草图进行加工，并作必要的文字说明，标上图例、比例、指北针等，则成为正式的施工平面图。

绘制施工平面图的要求是：比例要准确，要标明主要位置尺寸，要按图例或编号注明布置的内容、名称，线条粗细分明，字迹工整、清晰，图面清楚、美观。

5.3.9 安全文明施工

1. 施工人员进入施工场地必须佩戴安全帽，闲杂人员不得入内。

2. 工地实行围挡封闭施工，主要路段围挡高度不低于 2.5m，并达到稳固、整洁、美观；其他路段的围挡高度不低于 1.8m，保证稳固、美观。

3. 施工现场内材料、配件、机具按施工平面布置图堆放，并挂设名称、品种、规格标牌，分类存放。

4. 施工作业区与办公区、生活区分开设置，宿舍干净、整洁、通风，食堂、厕所、淋浴室符合卫生标准，并实行专人管理。

5. 设置醒目安全标志，施工区域和危险区域设置醒目的安全警示标志。

6. 施工现场进口处必须设置"五牌一图"，即工程概况牌、管理人员名单及监督电话牌、消防保卫牌、文明施工和环境保护牌、安全生产牌、施工现场平面布置图。

7. 施工现场主要道路及施工场地做硬化处理，硬化处理后的道路、场地应平整、无积水。

5.3.10 环境保护

1. 贯彻、执行国家和地方有关环境保护的法律、法规，杜绝环境污染和施工扰民。

2. 施工现场设置排水沟及沉淀池，施工污水经处理后方可排放到市政污水管网或河流。

3. 施工现场混凝土搅拌场所应采取封闭、降尘措施，水泥应密闭存放或采取覆盖等措施。

4. 有效控制噪声污染，合理安排作业时间，减少夜间施工，减少噪声污染。

5. 合理处理施工现场的垃圾，专门安排人员进行现场垃圾的清理，不让垃圾污染河流和居民区，垃圾要进行分类处理。

6. 施工现场土方作业应采取防止扬尘措施，施工现场出入口应采取保证车辆清洁的措施。

7. 定期进行环境保护宣传教育活动，不断提高职工的环保意识和法制观念。

5.4 实训设计资料

5.4.1 工程特点

1. 工程建设概况

本工程为四层框架结构房屋，合理使用年限为 50 年；平面形状呈矩形，建筑物宽

18.5m，长 68.1m；层高为：底层 5.4m，其余各层高 3.9m，房屋总高度 17.55m（从室外地坪算起）；抗震设防烈度为八度设防。占地面积为 1300.00m²，总建筑面积为 4541.70m²；基础为冲（钻）孔灌注桩，桩尖持力层为强风化片岩，并设有截面为 240mm × 600mm 地梁，地梁顶标高为 -0.300m；板为全现浇钢筋混凝土板，楼梯为现浇楼梯；室内外高差 0.450m。施工日期为 2016 年 3 月 15 日～11 月 10 日，共计 240 天。

2. 建筑设计

（1）墙体：内外墙体采用 200mm 厚加气混凝土砌块。

（2）外墙装饰：勒脚为花岗石，其余外墙面为防水乳白色涂料。

（3）室内装修：楼梯间、走廊为米黄色地板砖；卫生间与楼梯间墙面采用彩釉面砖；其余所有房间的内墙为混合砂浆刮腻子刷白色乳胶漆；顶棚为混合砂浆刮腻子刷白色乳胶漆。

（4）门：平开木门、安全防火门。

（5）窗：铝合金推拉窗。

（6）屋面：防水等级为三级，防水耐久年限为 10 年。

3. 节能设计

（1）屋面：保温隔热材料采用 40mm 厚聚苯板。

（2）外墙：200mm 厚蒸压加气混凝土砌块。

（3）外门窗：东西向为无色透明玻璃，南北向为无色中空玻璃。

5.4.2 自然条件

施工期间主导风向为西南风，基本风压为 0.45kN/m²，雨季为 7～8 月，最大降雨量为 189mm；场地已经平整，表层为 1.2～2.6m 厚杂填土，以下为粉土、强风化片岩，土质较好；地下水位较深，对施工没有影响。

5.4.3 施工条件

1. 场地平整。

2. 交通：拟建场地交通线路便捷，为材料运输、消防安全提供了有利条件。

3. 临时用电：本工程由业主在现场修筑配电房，采用"三级配电，二级漏电保护"，按三相五线制供电，采用 TN-S 接地系统，做到"一机一闸一漏一保险"。

4. 给水排水：给水由业主将自来水总水口接至施工现场，可根据现场布置接至各用水点；排水经地面临时排水沟排至沉淀池，再经沉淀池排至市政污水管网。

5.4.4 主要工程量与布置内容

1. 施工项目工程量见表 5-4。

2. 单位工程施工平面图布置内容表见表 5-5，表中数量仅供参考。

施工项目工程量　　　　　　　　　　　　　　　　表 5-4

序号	施工过程名称	产量定额	工程量				限额人数（台班）
			一层	二层	三层	四层	
1	开挖基坑	150m³/台班	850m³				1
2	浇混凝土垫层	30.00m³/天	110m³				20

序号	施工过程名称	产量定额	工程量				限额人数（台班）
			一层	二层	三层	四层	
3	桩基础	11.00m³/天	325m³				20
4	地梁	9.00m³/天	45m³				20
5	回填土	208.0m³/天	620m³				30
6	框架柱	24.00m³/天	48m³	48m³	48m³	48m³	20
7	框架梁	39.00m³/天	78m³	78m³	78m³	78m³	20
8	现浇板	55.00m³/天	110m³	110m³	110m³	110m³	20
9	楼梯	2.00m³/天	4.0m³	4.0m³	4.0m³	4.0m³	20
10	砌砖墙	7.54m³/天	143m³	174m³	174m³	174m³	30
11	构造柱混凝土	3.00m³/天	6m³	6m³	6m³	6m³	10
12	焦渣找坡	300m²/天				1200m³	12
13	蛭石保温	300m²/天				1200m³	12
14	找平层	300m²/天				1200m³	12
15	防水层	300m²/天	1200m²			1200m³	10
16	楼地面	160m²/天	1220m²	1220m²	1220m²	1220m²	15
17	内墙抹灰	60.00m²/天	680m²	510m²	510m²	510m²	5
18	顶棚抹灰	35.71m²/天	1220m²	1220m²	1220m²	1220m²	5
19	外墙抹灰	60.00m²/天	200m²	240m²	240m²	240m²	8
20	门窗安装	6.65m²/天	160m²	190m²	190m²	190m²	18
21	刮腻子	240.0m²/天	1900m²	1730m²	1730m²	1730m²	10
22	散水台阶	20.00m³/天	110m³				5

单位工程施工平面图布置内容 表 5-5

序号	布置内容	数量	序号	布置内容	数量
1	拟建建筑物、既有建筑物		11	木材堆场	60m²
2	垂直运输机械	1台	12	石灰堆场	50m²
3	混凝土搅拌站	25m²	13	模板堆场	90m²
4	水泥库	30m²	14	砖堆	90m²
5	钢筋堆场	60m²	15	模板加工棚	40m²
6	钢筋加工棚	50m²	16	办公室	60m²
7	石子堆场	100m²	17	休息室	60m²
8	沙子堆场	150m²	18	传达室	10m²
9	五金仓库	30m²	19	男女厕所各一个	10m²
10	木材加工棚	50m²	20	临时道路、围墙、水电管线	

5.5 实 训

1. 施工平面图设计依据

2. 施工平面图设计原则与步骤
(1) 施工平面图设计原则

(2) 施工平面图设计步骤

3. 施工平面图相关要求
(1) 起重运输机械位置的确定

（2）各种作业棚、工具棚的布置规定

（3）临时设施的布置规定

（4）施工道路的布置要求

（5）临时供水、供电要求

4. 文明施工和环境保护要求

（1）现场文明施工要求

（2）现场环境保护要求

5. 用天正建筑软件绘制主体施工阶段平面布置图

5.6 实训成绩考核

综合成绩：＿＿＿＿＿＿　　　　学号：＿＿＿＿＿＿　　　　姓名：＿＿＿＿＿＿

评价项目	评价标准	评价依据	评价方式			权重	得分小计	总分
			自评	互评	教师评价			
			20分	20分	60分			
学习态度	1. 按时完成项目； 2. 积极主动、勤学好问	学习表现				0.2		
专业能力	1. 能查阅资料，参照相关实例，完成项目； 2. 能结合所学知识，有自我创新意识； 3. 实训成果的正确性	实训任务完成情况				0.7		
实训纪律	1. 按要求的实训时间实训； 2. 遵守实训纪律，不做与实训无关的事情	纪律表现				0.1		
教师评价								

指导教师签名：　　　　　　　　　　　　日期：